Lea ist der Star

Für meinen Ehemann

Alle Rechte in diesem Buch sind der Autorin vorbehalten

Autorin / Bilder / Cover

Tanja L. Feiler

Intro

Babyzimmer

Als Haeschen vor zwei Tagen Lea Solo mit einer Riesentasche Wäsche, Hygieneartikel, Essen mitgebracht hat und aus Kittys Minizimmer ein Babyzimmer wurde, hat X aus dem Keller den weißen Schrank mit ausziehbaren Regalen in das Zimmer gestellt, wo Wäsche, Windeln etc. verstaut wurden. Es ist auch ideal als Wickeltisch. Als Bettchen hat Kitty ihr kleines Singlebett zur Verfügung gestellt, sie hat sich aus dem Keller das klappbare große Bett von Haeschen geholt. Jetzt hat sie ein großes Bett und zum Glück einen großen Spannbettbezug gefunden, denn die kleinen von Kittys Bett passen nicht. Kittys Bett ist ein normales 90 cm

Bett in weiss, doch als Babybettchen ist es nicht unbedingt geeignet. Außerdem ist der ganze Raum nicht kuschelig genug. Angelas Kreativität ist sofort entflammt. Sie designt das Cute Pets Babyzimmer – und das beste ist, alle Utensilien sind vorhanden, um das Zimmer zu verwandeln. Angela sieht sofort die Stoffreste durch. Sie hat die Bühnenoutfits und Fashion Stücke von jeder Kollektion in einem extra Regal bei Aliens Prototypen gut verstaut. Was dann an Stoffresten übrig ist, bewahrt Angela in einer kleinen Truhe auf. Amber hat an ihrer Hochzeit das Cute Pets Hochzeitskleid Unikat getragen, dass Angela gefertigt hat. Bei der Herstellung ist noch einiges an fließendem weißen Stoff übrig geblieben. Angela fertigt den Himmel für das Bett, der problemlos anzubringen ist. Damit das Mädchen nicht aus dem Bettchen plumpst, braucht das Bett einen Rahmen. Den findet X sogar schon fertig im Keller, jedenfalls Teile, die nur gestrichen werden müssen und verschraubt. Weiße Farbe ist noch da, um den Rahmen zu streichen. Die Jungs arbeiten alle zusammen, es dauert gerade mal eine Stunde und das Bett ist fertig, nebst dem wunderschönen Himmel aus

Hochzeitskleidstoff. Kitty ist der Meinung, das Zimmer ist langweilig und nicht ansprechend durch die Wandfarbe. Amber ist einkaufen im Store und kommt mit glühenden Augen zurück. Sie hatten, es ist die Härte, Farbe im Angebot, alle Farben, kleine Flaschen, mit denen das weiss gemischt werden kann. Sie hat rot mitgebracht, das wird dann je nach Menge ein schönes Rosa. Amber und Angelina streichen den Raum, Kitty macht sauber. Angela überlegt sich weitere Details zum Verschönern. Sie muss lachen, zum Glück hat die WG einen Plastikwäschekorb, der als Badewanne für Lea genutzt werden kann, denn Lea muss oft gebadet werden und jedes Mal in die öffentliche Dusche ist Stress. Das bisschen Wasser für Leas Schaumbad ist schnell erwärmt. Natürlich, Angela haut sich an den Kopf, Bilder und ein Regal fehlen noch für Spielsachen. Haeschen hat zwei Spielsachen mitgebracht, das ist schon mal ein Anfang. Kitty ist heute die Reinigungskraft, wo Fuseln sind, Farbe oder etwas geputzt werden muss, Kitty ist zur Stelle. Von selbst weiß jeder, was zu tun ist und wer was macht. Ohne große Worte und ohne Meeting. Kitty hat sogar noch ein Regal in ihrem früheren Zimmer angebracht, darunter steht jetzt das Wickelschränkchen. Bilder hat Kitty, auch vier kleine Rahmen. Nach drei Stunden ist alles fertig, da die Farbe schnelltrocknend ist, kann Lea heute abend in ihrem neuen Bettchen schlafen. Sie hat einen Kinderwagen mit Zubehör, den Angela damals, als sie dachte sie würde ein Baby kaufen auf einem Sperrmüll entdeckt hatte und deshalb mitgenommen hat. Beim

Sperrmüll stand noch ein Tragedings, ihr fällt der Name nicht ein, der schaukelt, scheinbar neu. Sie hat das alles hinter Aliens und ihren Kleiderschrank aufbewahrt. Angela und Angelina haben natürlich von ihren Designstücken auch noch Papier übrig, daraus kreieren die beiden eine Borte, die über die Wand des Wickeltischschränkchens angebracht wird. Angelina malt lustige Motive drauf, fertig. Kitty macht das erste Bild von Lea auf dem uralten Schränkchen, das jetzt nur durch Putzen und Polieren glänzt. Gerade zur rechten Zeit, Michelle wickelt die Kleine. Jetzt geht das Elternsein richtig los...

...und heute ein Schaumbad

Lea Solo wird heute zum ersten Mal baden. Michelle und ihr Mann sind aufgeregt. Die 4,5 Zimmer der Cute Pets mit Toilette und Küche hat kein Badezimmer, deshalb müssen alle ein Stockwerk höher die allgemeine Dusche nutzen. Natürlich wird Lea Solo nicht in der Duschwanne gebadet, sondern die Cute Pets haben eine große Wäschekorbwanne, die geschlossen und wasserdicht ist. Genug Wasser wird erwärmt und ordentlich Denk dran Babyschaumbad, die Hausmarke des Denk Dran Stores, der zwei Strassen weiter ist. Die Cute Pets kaufen sowieso stets die Hausmarken eines Stores, wie die beiden großen Stores: das Pet City Kaufhaus und das grad ein paar Straßen weiter neben dem Drogeriemarkt Denk Dran. Was fehlt ist ein Entchen, in jedem Film aus Übersee spielen die Babys mit Entchen. Kommt auf die Einkaufsliste. Jetzt ist Zeit für das Bad. Vorsichtig setzt Michelle Lea ins Wasser, die sofort anfängt zu lächeln. Sie fühlt sich pudelwohl in der besonderen Babywanne.

Nach dem Baden und Essen ist Lea quirlig. Sie wird von jedem der Cute Pets durch die Wohnung getragen, Kitty macht Bilder, und Imo erzählt der Kleinen vom Alimoreader. Es dauert noch, bis sie ihre ersten Worte sagt. Mal gespannt, was das erste Wort sein wird. Alien packt die Beach – Maschine aus – er hat ein upgrade gemacht vor zwei Monaten mit Zusatzfeatures wie Tauchen und knallbunte

Fische schwimmen mit, natürlich virtuell. Da Angelina Blumen mag, hat die Maschine so programmiert, dass sich der Beach stets von selbst updatet mit Zusatzpaketen, wie Blumen und mehr. Für das upgrade ist Alien zu seinem alten Arbeitsplatz ins Labor gegangen, denn dort ist ein interner Server mit höchsten Sicherheitsstandards. Professor Taberton begrüsste Alien freundlich, er hat von dem Alimoreader gehört und dem sozialen Engagement für Tiere in Not. Er fragte nach Imo, Aliens Antwort, Kollateralschaden behoben, das reichte dem Professor völlig. Er interessiert sich ebenfalls brennend für den neuen Ebookreader, den Alimoreader, doch Alien sagte ihm, dass im Moment dafür keine Zeit ist, er habe alle Protoypen verschenkt. Der Professor gab Alien das neue Passwort, und machte das Beach – Maschinen Upgrade. Alien bat Herrn Tabermann kurz einige Fragen zu beantworten. Frage 1: Welche Sicherheitsstufe haben die Prototypen, die ich geschenkt bekommen habe. Antwort: die Beach – Sound – Halloween – Snowboardmaschine auch außerhalb benutzt werden. Die Autos der Zukunft streng vertraulich. Bei allem gilt: Keine

Informationsweitergabe für alles.

Frage 2: Woran forschen Sie zur Zeit, ist wieder eine Testphase für Prototypen?

Antwort: Die Autos der Zukunft. Ein neuer Prototyp ist in Planung, noch nicht gebaut.

Frage 3: Google benutzt Robotertechnik, Androiden um sie wenigstens im kleinen Rahmen in Krisengebieten einzusetzen. Warum das

Institut nicht? Warum stehen sie in einem Zimmer, abgesperrt?

Antwort: Ich weiss, dass ihr Freund deswegen gekündigt hat. Über die Gründe möchte ich nicht sprechen, sie sind kompakt und sehr umfangreich.

Frage 4: Dürfen Imo und ich weiterhin bei Bedarf ins Labor? Und Prototypen testen?

Antwort: Selbstverständlich. Sie

beide sind unsere fähigsten Mitarbeiter gewesen, ohne sie gäbe es 4 Pfoten für den guten Zweck nicht. Doch in Absprache wegen den Sicherheitsvorkehrungen und auch wegen mancher Kollegen. Sobald der Prototyp gebaut ist und einsatzbereit dürfen Sie und ihre WG Freunde an der Testphase teilnehmen. Sie haben mir erzählt, dass Sie die Beach – Sound – Halloween – Snowboardmaschine bei ihrer Konzerttour genutzt haben. Wie hat das Publikum reagiert?

Antwort von Alien: Standing ovations, doch niemand fragte nach, obwohl sich die Konzertbesucher plötzlich an einem Strand befanden. Keine Worte, im Internet ist auch nichts zu finden. Die hielten das für eine gute Show, das wars, mehr nicht. Der Professor ist nicht erstaunt. Er vermutet, dass die jungen Leute durch die

Vernetzung, FB, YOU T. , ständig online sind, was Alien bejahte. Alien sagte: Wenn er im Bus junge Leute beobachtete, dann hatten fast alle ihr Smartphone, um irgendetwas daran zu machen. Und dann das nervige Pfeifen eines bestimmten Handyanbieters. Doch er hatte Herr Taberton unterbrochen, er fuhr fort.

Professors Antwort: Alle sind überreizt, selbst die banalsten Fragen führen dazu, dass die Suchmaschine ständig benutzt wird. Wiki ist eine gute Sache, jedoch bin ich wie Sie, die Cute Pets der Meinung, Wiki ist die Basis, doch selbst Forschen ist das Ziel, damit wir weiterkommen. Sie und ihr Kollege haben aus einem simplen Ebookreader ein technisch hochwertiges Gerät erfunden, eine App, wo man Gelesenes als Hologramm sehen kann. Ich war kürzlich bei 4 Pfoten und eine Mitarbeiterin hat mir stolz das Geschenk von Ihnen gezeigt. Sie ist nur noch am lesen, weil es nicht langweilig ist, man braucht keine veralteten 3 D Brillen oder irgendwelche Zusatzfeaters, damit das Hologramm genutzt werden kann. Respekt. Jetzt bin ich vom Thema abgekommen, die jungen Leute nehmen das alles für selbstverständlich, das ist meine Erklärung.

Frage 5: Kennen Sie unsere neue Cute Pets website und Kitty Musikvideo? Wir haben immer noch keine Visitenkarten, daran müssen wir arbeiten.

Antwort: Ja, und ich finde den minimalistischen Stil dehr gut. Klar strukturiert, und der Websitenbesucher muss nicht hunderte Buttons anclicken wie z.B. Über uns etc. Sie haben das prima gelöst. Alles auf einer Seite mit Links ins Netz und vor allem ohne Capatcha, das hasse ich z.B. bei Kontaktformularen.

Alien dankte Herrn Taberton für das Gespräch und das Upgrade, das jetzt für Freude sorgt und das Baby lacht.

Jetzt ist Zeit fürs Bettchen, Lea Solo fallen schon die Augen zu...

Besonders Danke ich meinem Ehemann

www.ingramcontent.com/pod-product-compliance
Lightning Source LLC
Chambersburg PA
CBHW040929180526
45159CB00002BA/664